爱嬉水的象宝宝

这些年轻的小象来到水塘边喝水、洗澡以及乘凉。象群喜欢来到水边，而且常常会美美地享受一次泥巴浴！

大象的脸

大象的长鼻子是它们的鼻子和上唇的延伸，这个长鼻子除了呼吸和嗅闻之外还有许多用途。象牙其实是大象的上门牙，主要用于挖掘植物根茎以及剥去树皮。

素食菜单

- 嫩枝
- 灌木
- 水果
- 青草
- 树皮
- 树叶

动物档案

非洲象

身高：4 米以上
鼻长：3 米以上
体重：6 吨以上
寿命：60~70 年

它的名字是什么意思？

大象的英文名字“elephant”来自于拉丁文“*elephantus*”和希腊文“*elephas*”，这两个单词的含义都是“大象”和“象牙。”

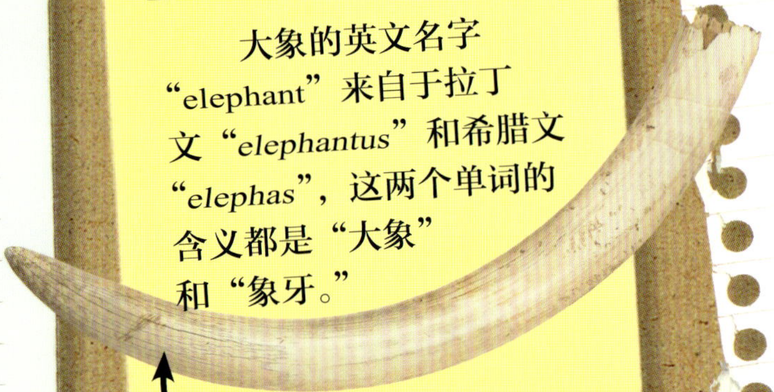

象牙上覆盖着一层珐琅质

为什么它的耳朵那么大？

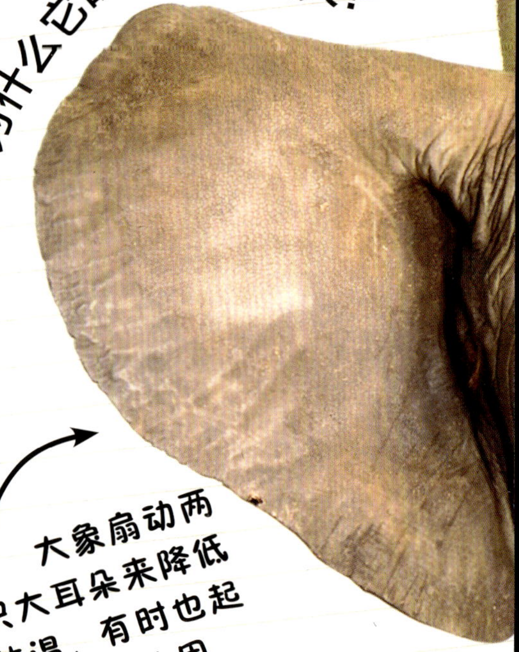

大象扇动两只大耳朵来降低体温，有时也起到展示的作用。

特征：
长长的象鼻
长长的象牙
大大的耳朵

非洲象和亚洲象的比较

体型更大
大耳朵

生活在 非洲

只有雄象长着象牙
耳朵较小

生活在 亚洲

谁是它的天敌？

没有！

不过，鬣狗、狮子以及老虎可以袭击小象或者体弱的成年象。

象鼻有什么用途？

可以作为……

镊子 —— 捡起树叶、嫩枝或者浆果
叉车 —— 卷起树干
喇叭 —— 发出警报性的叫声
吸尘器 —— 吸水
软管 —— 喷水
通气管 —— 水下游泳
鼻子 —— 嗅闻气味

邻居

狮子　河马　长颈鹿　花豹　斑马

长颈鹿

这种举止优雅的动物结成小群，穿梭于非洲的草原上。它们是现存个子最高的陆生动物，长长的脖子使得它们能吃到树冠最高处的树叶。但是，虽然长颈鹿的脖子非常长，但它们也只有 7 块颈椎骨——和人类的一样。

绿地

在开阔的非洲大草原上，有着长颈鹿生存所需的一切。不过，它们最喜欢的食物还是金合欢树的树叶和枝条。

素食菜单

- 金合欢树的树叶
- 灌木
- 青草
- 水果

大胃王

长颈鹿有一条长长的、蓝黑色的舌头，可以卷起树叶和枝条送入口中。长颈鹿不需要喝太多的水，因为它们身体所需的水分大部分来源于所吃的植物。

妈妈与宝宝

这只长颈鹿妈妈正在爱抚它的新生宝宝。长颈鹿妈妈站立着生下宝宝，因此长颈鹿宝宝在降生时会从高处落到地面！大约一天之后，长颈鹿宝宝就能跟随妈妈奔跑了。

动物档案

长颈鹿

身高：5.5 米以上

脖子长度：1.8 米

腿长：1.8 米

体重：1600 千克以上

寿命：25 年以上

它的脚有多大？

和餐盘一样大！

它的名字是什么意思？

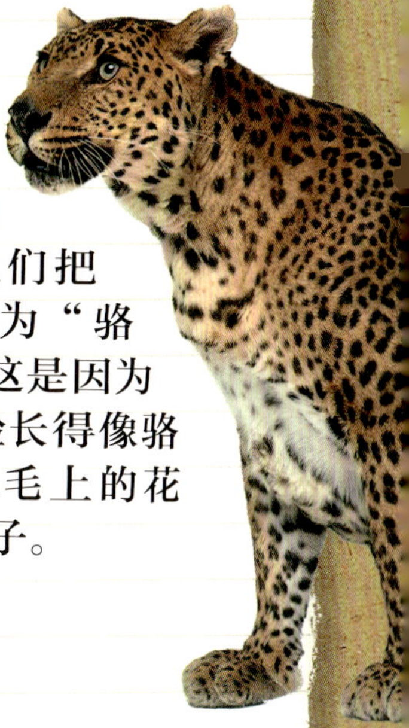

过去很长的一段时间里，人们把长颈鹿称为“骆驼豹”，这是因为它们的脸长得像骆驼，而皮毛上的花纹又像豹子。

它的亲属

霍加狓是长颈鹿的近亲——虽然它们看起来更像是斑马。

谁是它的天敌？

狮子

它们怎么交流？

长颈鹿可以发出各种叫声。

它生下来就长有什么？

长颈鹿是少数几种生下来就长角的动物之一。

特征：

非常长的脖子

个子也非常高

邻居

非洲象　斑马　斑鬣狗　跳羚　角蝰

大熊猫

这种黑白相间的熊类生活在中国偏远的山区，那里的气候十分湿润。它们一天中大部分时间都在咀嚼竹子。不吃东西的时候，它们就会休息和睡觉。在寒冷的森林中，大熊猫厚厚的毛皮能够帮助保持体温。大熊猫是一种害羞的动物，通常独来独往。

它们吃什么

大熊猫吃竹子——很多很多的竹子。它们坐着吃东西，就像我们一样。有时候它们也会吃一些青草，偶尔还会吃掉一些小动物。

素食菜单

- 竹子
- 青草

肉类小吃

- 田鼠
- 麝香鹿幼崽

孤独的大熊猫

上图中这只年轻的大熊猫正在饶有兴致地探索周围的环境。熊猫妈妈独自抚养熊猫宝宝，直到熊猫宝宝长到大约三岁，可以独立生存为止。

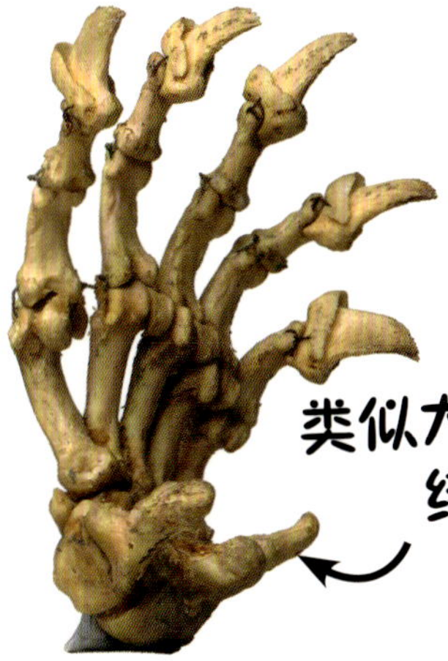

大大的手掌

大熊猫的手掌构造很特别，适于抓握竹子。每只手掌的基部都有一块单独的骨头，看起来很像一根大拇指，帮助大熊猫紧紧地抓握竹子。

动物档案

特征：

黑白相间的毛皮看起来十分可爱

谁是它的天敌？

豹子

大熊猫

身高：90 厘米以上

体长：1.8 米以上

体重：160 千克以上

寿命：20 年以上

为什么它有着黑白相间的体色？

到了冬天，大块的岩石上落满积雪，苍翠的森林投下阴影，因此黑白相间的体色可以帮助它们与周围的环境融为一体。

大熊猫和小熊猫的比较

生活在中国

- 属于熊类
- 有着黑白相间的皮毛
- 以竹子为食，但主要取食竹子茎干
- 体型较大

- 不属于熊类（与浣熊的亲缘关系较近）
- 有着红棕色的皮毛
- 以竹子为食，但主要取食竹子叶片

生活在中国

它的名字是什么意思？

大熊猫的中文名字原来叫作猫熊，后来人们将之称为熊猫。

稀少的熊类

大熊猫是熊类中最稀有的，现在野外仅存 1600 多只大熊猫。

濒临灭绝！

邻居

黄鼬

灰狼

红腹锦鸡

豹子

小熊猫

河马

这些笨重的巨兽是世界上体型最大的淡水哺乳动物。河马看似温和，但实际上它们非常危险，而且脾气很暴躁。河马经常打斗——为了划分水里的地盘。河马总是看起来一副懒洋洋的样子，但当它们寻找食物的时候，动作还是很敏捷的。

笨重的身体

河马虽然体型庞大，但个头矮，还没有一个成年人那么高。河马分布于非洲南部地区。它们大部分时间都浸泡在河流、湖泊和沼泽的水中，躲开骄阳和酷暑。

健康的饮食

河马不吃肉——它们主要以青草为食。到了晚上，它们就会爬上河岸，到陆地上大吃大嚼。它们有时候要跋涉数千米去寻找食物。

素食菜单

- 青草
- 种子

在水中嬉戏

河马是个游泳好手。它们的眼睛、耳朵和鼻孔都位于头部顶端，因此当它们几乎整个身体都淹没在水中时，它们的眼睛、耳朵和鼻子依然可以感觉到周围的事物。

动物档案

河马

体长：5 米以上
身高：1.5 米以上
体重：4 吨以上
寿命：50 年以上

特征：
巨大的嘴
大大的肚子

张开大嘴！
河马可以把嘴张大到 1.2 米——和一个儿童的身高差不多！

谁是它的天敌？

鳄鱼

它的名字是什么意思？
河马的英文名字“hippopotamus”，来源于拉丁文中的“hippos”（意思是马）以及“potamos”（意思是河流）。河马的中文名字意思正是“河流中的马”。

它们能跑多快？
河马可以比奥林匹克短跑运动员跑得还要快，速度达到 48 千米/时。

河马和犀牛的比较

- 大大的嘴
- 喜欢待在水中
- 身体更加笨重
- 脾气暴躁

- 口鼻部长着两只角
- 生活在草原上
- 个子更高、更长
- 脾气较为温和

它们能在水下游泳吗？
当然可以！河马一次能在水下待超过 5 分钟，它们的耳朵和鼻孔上都有防水的瓣膜，可以在潜入水下时关闭，避免灌水。

邻居

尼罗鳄

非洲水牛

火烈鸟

非洲象

白犀牛

蓝鲸

庞大的蓝鲸是有史以来体型最大的动物，比曾经生存在地球上的所有恐龙都要大。尽管它们体型庞大，却是一种性情温和的动物。它们要么独自生活，要么结成小群体，缓缓游过开阔的海洋。

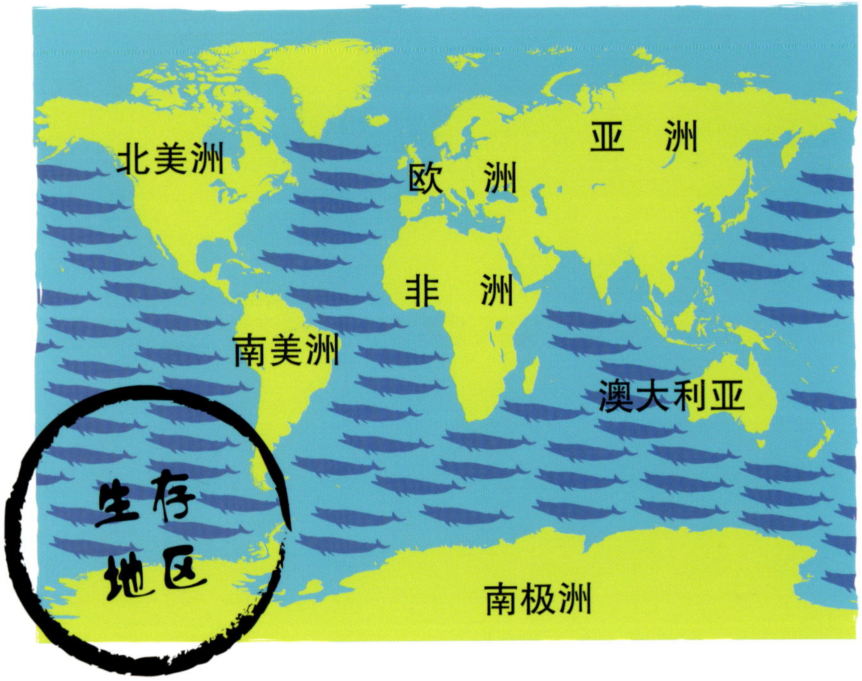

磷虾是蓝鲸最钟爱的食物

游曳在海洋中

在世界各地的海洋中都可见蓝鲸的身影。在夏季，它们一般都在南极洲附近的冰冷海域觅食，而到了冬季，它们就会迁移到温暖的海域。

海鲜菜单

- 磷虾
- 桡足类
- 小鱼
- 乌贼

冰雪家园

北极熊大部分时间都待在北冰洋的海面上，它们随着大块浮冰四处漂游。到了短暂的夏季，浮冰融化，北极熊不得不来到陆地上寻找食物。

凶猛的猎手

这只北极熊可能看起来毛茸茸的，憨态可掬，但是它可是不折不扣的凶狠猎手。北极熊白色的毛皮能保持体温，还能与冰雪融为一体，因此它们能悄悄地逼近毫无防备的猎物。

动物档案

北极熊

身高：1.6 米以下
体长：3 米以上
体重：680 千克以上
寿命：25 年以上

特征：
生活在寒冷的北极地区
身披厚厚的白色毛皮

变黄
随着年龄的增长，北极熊的皮毛会渐渐开始泛黄。

谁是它的天敌？

没有！
不过海象可能会为了保护自己的幼崽而与北极熊打斗。

它们的嗅觉有多灵敏？ 北极熊能闻见15 千米之外一头海豹留在冰面上的气味。

它们能游多长的距离？
北极熊是游泳好手——它们一次能游大约160千米。

棕熊和北极熊的比较

它的名字是什么意思？
北极熊的拉丁文学名是“*Ursus maritimus*”，意思是“海熊”，因为它们大部分时间都待在海面上。

邻居

海象　雪雁　雪鸮　麝牛　北极狐

骆驼

从头上蓬松的毛发，到脚底厚厚的足垫，骆驼全身上下的特征都非常适于在沙漠中生存。它能一口气喝掉大量的水，然后在几周内都不用喝水。这里展现的骆驼是双峰驼——背上有两个驼峰，而单峰驼只有一个驼峰。

沙漠漫步

双峰驼生活在中国和蒙古的戈壁滩上。在那里，它们以能寻找到的任何草类和灌木为食，高山上流下来的泉水为它们提供了水源。

与人类大小的比较

素食菜单

- 青草
- 树枝
- 灌木
- 树皮

“大鱼”吃“小鱼”

尽管蓝鲸体型庞大，但它们却并不以大型动物为食，它们的喉咙也不是很大。正好相反，它们主要以一种体型微小的似虾动物为食，那就是磷虾。它们在进食时，会一口吞下大量的磷虾，其中也混杂了许多其他的小型海生生物。

喷水柱

蓝鲸通过头顶上的鼻孔呼吸空气，又称为呼吸孔。在呼吸时，蓝鲸游到海面，通过呼吸孔喷出一股混合了空气与水滴的气流，远远看去如同喷泉一般。

动物档案

蓝鲸

体长：30 米以上
出生时的体长：7 米以上
体重：209 吨以上
寿命：90 年以上

巨大的嘴

蓝鲸的嘴大得惊人——可以让大约100个人站在里面！

它的名字是什么意思？

蓝鲸得名于它的体色——在水下看去是深蓝色的。但是如果它们浮出水面，看上去就是在蓝色的底色上混合着斑驳的灰色。

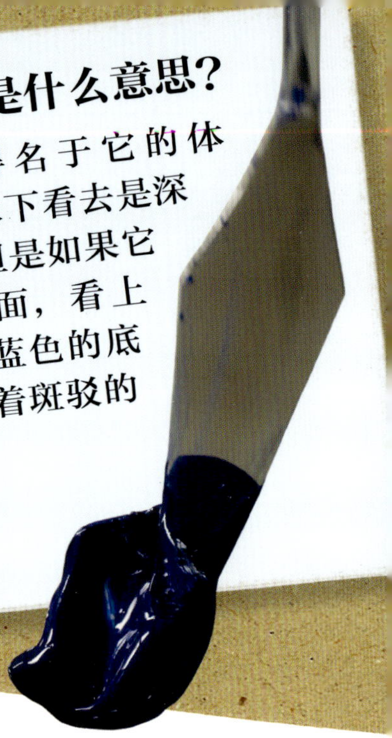

谁是它的天敌？

逆戟鲸

它的食量有多大？

它一天要吃掉大约 4000 万只磷虾！

它的叫声有多响？

蓝鲸是非常吵闹的动物——它们能发出低沉的叫声，可以传到1600千米之外。

喷水

蓝鲸可以喷出大约 9 米高的水柱——与一栋三层楼房差不多高。

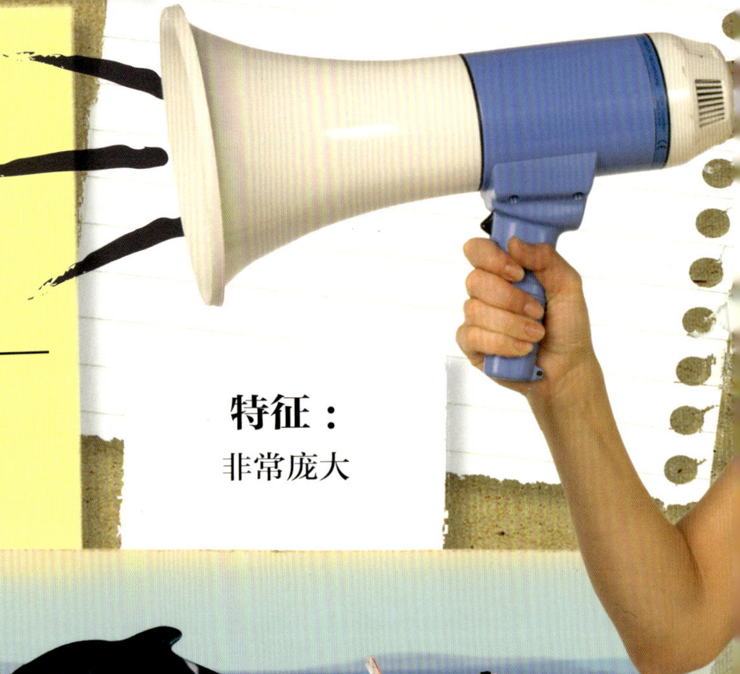

它们能游多快？

速度超过 32 千米 / 时。

特征：

非常庞大

邻居

北极熊

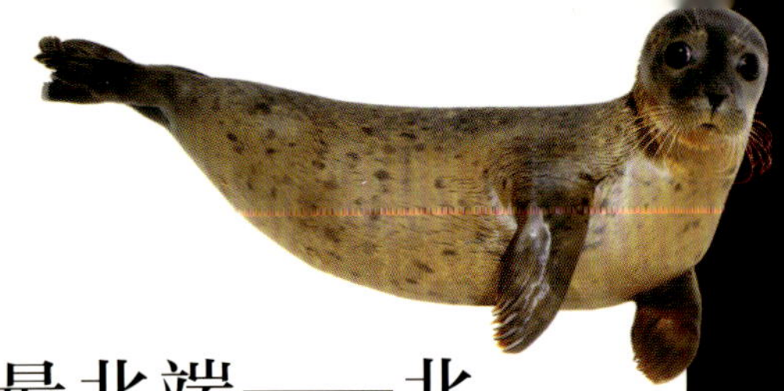

北极熊生活在世界的最北端——北极，那里覆盖着厚厚的冰雪。雌性北极熊在雪层下挖出一个洞穴，然后就在里面产下小北极熊，通常一胎会产下两只小宝宝。雌性北极熊悉心地照顾自己的孩子，直到它们能独立生活为止。雄性北极熊完全不会照顾孩子，而是过着独居的生活。北极熊是世界上熊类中体型最大的。

肉食菜单

- 海豹
- 海鸟
- 海象
- 北极狐
- 鲸

鱼类小吃

- 鱼类
- 螃蟹

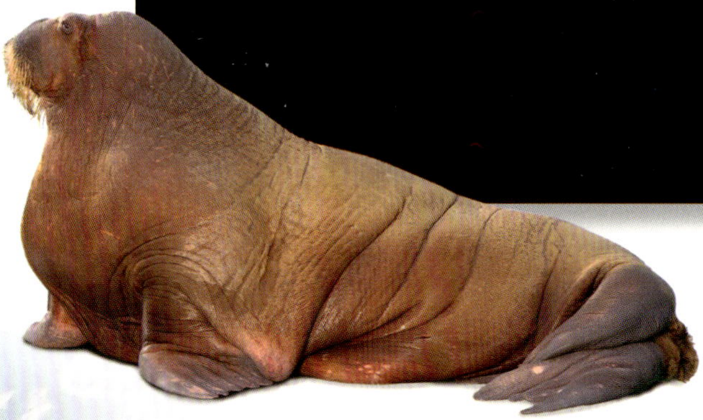

与人类大小的比较

今天吃点什么呢?

北极熊是体型最大的陆地肉食动物。它们最喜爱的猎物就是海豹。北极熊的嗅觉非常敏锐，可以追踪海豹在冰面上留下的气味痕迹。